# 我的
# 蔬菜好朋友

**跟著可愛角色學習**

瑞昇文化

# 為什麼
# 我們一定要吃蔬菜呢？

**1**

哎～～

怎麼了？

**2**

大人們為什麼都說一定要吃蔬菜？

對呀，
我也討厭吃
蔬菜！

**3**

請等一下！

**4**

蔬菜裡有很多
可以讓小朋友身體強健
的超級能量喲！

# 5

# 所謂蔬菜的超級能量是……

## 防護能量

| 維他命 A | 維他命 C | 維他命 E |
|---|---|---|

具備保護肌膚不受強烈陽光傷害、讓身體不易感冒生病、守護身體健康的能量。

## 持久能量

| 維他命 B1 | 維他命 B2 | 菸鹼素 |
|---|---|---|
| 葉酸 | 鐵 | |

具備將吃進去的食物轉換成能量、促進體內血液循環、長時間維持活力的能量。

## 恢復能量

| 鋅 | 銅 |
|---|---|
| 硒 | 鉀 |

具備去除疲勞、將身體機能老舊之處（細胞）換新、再一次恢復活力的能量。

## 強健能量

| 維他命 D | 鈣 | 鎂 |
|---|---|---|

具備強化骨骼及牙齒、幫助肌肉收縮、讓身體強健的能量。

---

所有的蔬菜都具備的能量

## 讓排便順暢的能量

**膳食纖維**　具備讓乾硬的便便變軟、促進腸子蠕動、讓便便順利排出的能量。

其它還有像茄子花色素、番茄紅素等，依據不同的蔬菜，各自皆有多種豐富的營養能量喲。

番茄紅素

澱粉酶

茄子花色素

# 6

各種豐富的營養能量，
能讓大家
元氣滿滿喲！

# 7

哇～！
原來蔬菜這麼厲害啊！！

我也要！

我要吃！

# 8

這本書就是在研究
我們的能量，而你們也
要提升自己的
能量哦！

# 關於本書的編排方式

以戰鬥力分析表顯示各具有多少防護‧持久‧強健‧恢復的能量。例如,這個蔬菜具備強大的防護能量等,可以一看就知道。

以儀表板顯示有具備多少促進排便能量的膳食纖維。具備的膳食纖維愈多,促進排便的能力也愈強。

能量爆發的季節

蔬菜成員的自我介紹

能量最強的主人翁
## 菠菜

使肌膚光滑透亮 維他命A 防禦能量

我有帶給身體強健的力量喲!

能量爆發的季節 10～2月

可以大量造血 葉酸 持久能量

保持心臟正常跳動 鎂 強健能量

走很多路也不會氣喘吁吁 鐵 持久能量

阻礙人體吸收營養 草酸

強健骨骼 鈣 強健能量

恢復體力 銅 恢復能量

強健肌肉 鉀 恢復能量

**菠菜醫生**

蔬菜成員的名稱

驚人發現!蔬菜的小祕密

16

芻芻芻,我是菠菜醫生。
在你們沒有活力時,就是該我出場的時候了。
因為我擁有維持活力的葉酸及鐵、以及使肌膚光滑透亮的維他命A、還有讓身體強健的大量的鎂。

我擁有的能量是在蔬菜成員當中最強的喲。
嘿嘿!

**祕密情報** 冬天和夏天的菠菜,無論是營養或外觀都不太一樣!

菠菜是在冬天時特別精神奕奕的蔬菜。氣候一變冷,菠菜就會變甜、營養也會增加哦。還有冬天的菠菜,維他命C也比夏天的菠菜高出三倍之多。夏天的菠菜長得比較瘦小,而冬天的菠菜,葉子較為厚實!有機會的話可以仔細觀察一下哦。

夏天　冬天

17

營養的說明介紹

具備營養的名稱

本書所有記載的蔬菜,
營養成分居冠的以 金 表示。
第二名以 銀 表示。
第三名以 銅 表示。

「營養」的意思就是指蔬菜所具備的能量喲

※以每100g計算出營養量,遇同等量的情況時,採同順位表示。

# 目 錄

保護肌膚及眼睛的能量

# 番茄‧小番茄

番茄姐弟

肌膚啊，
肌膚啊，
快點變漂亮喲！

能量爆發的季節
4‧5‧10‧11月

如果想要
元氣滿滿，
那就包在我身上！

提升視力！

**維他命 A**

防護能量

在夏天裡，
保護肌膚
不受陽光傷害！

**維他命 C**

防護能量

促進排便

果膠

番茄美眉

小番茄君

紅色來源。
全紅的番茄含
量多喲。

番茄
紅素

趕走夏日
疲勞症狀

檸檬酸

防護　9 %
恢復　　強健
持久
促進排便儀表板

8

我們是番茄姐弟！

保護肌膚不受陽光傷害，我們擁有雙重能量，也就是維他命C、以及即使在黑暗中也能讓眼睛看得清楚的維他命A喲。

紅色的祕密就是茄紅素。看我們的臉是不是紅紅的呢？這是因為我們擁有很多豐富的茄紅素呢。

番茄內部像果凍的部分，就叫作果膠，果膠對於排便順暢極有幫助哦。

如果想要讓自己的眼睛和肌膚健康漂亮，請呼叫我們姐弟哦！

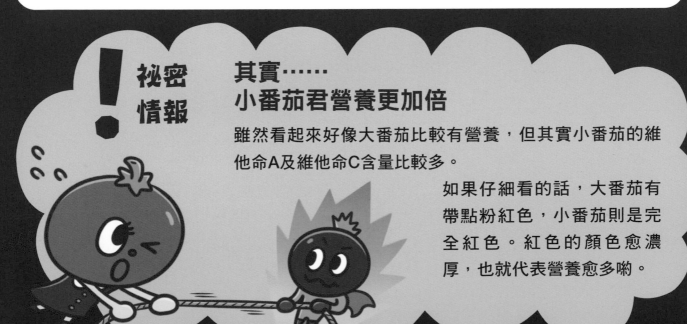

**祕密情報**

！

**其實……**
**小番茄君營養更加倍**

雖然看起來好像大番茄比較有營養，但其實小番茄的維他命A及維他命C含量比較多。

如果仔細看的話，大番茄有帶點粉紅色，小番茄則是完全紅色。紅色的顏色愈濃厚，也就代表營養愈多喲。

**元氣作戰 1**

### 提升番茄姐弟的
# 戰鬥能量吧！

## 又煎又煮△
## 不如直接生吃！

保護肌膚的「維他命C」最怕遇熱。所以用煎或煮的話，維他命C會被破壞掉。如果想和番茄美眉一樣，擁有光滑漂亮的肌膚，直接吃下或咬進去比較好喲。

**元氣作戰 2**

# 尋找出最強的 番茄姐弟！

## 紅色的番茄
## 又甜又營養

綠色的番茄經過陽光照射，會漸漸變成紅色。完全變成紅色的番茄，其甜度和營養最高。請優先挑選外皮有光澤、綠色蒂頭直挺的番茄為佳。

## 元氣作戰 3

### 與番茄姐弟 做好朋友吧！

**番茄的果實黏黏滑滑的～**

### 如果不敢吃番茄的果實內腔，將它挖掉也沒關係喲

如果不喜歡番茄果實內腔黏黏滑滑的口感，
就請媽媽把它挖掉就好。番茄即使挖掉果實內腔，吃了也是同樣
可以獲得保護視力的維他命A能量喲。不過如果想要排便順暢的
話，果實內腔的部分也請努力吃掉吧。

**番茄皮好難咬哦～**

### 試試製作番茄雪酪！

如果討厭番茄皮會黏在口腔中的話，可以試試一些簡單剝去番茄皮
的方法，並製成雪酪也很好吃喲。

將小番茄洗淨後放入
冰箱冷凍

去掉番茄的蒂頭，放在水龍頭
下沖水，番茄皮就能被剝除。

好吃的番茄雪酪就完成囉。

四種能量一次擁有！

# 青花菜

可以
大量
造血　**葉酸**
持久能量

## 青花菜委員長

能量爆發的季節
**10～3月**

帶給身體活力
**維他命 B2**
持久能量

如果想要攝取均衡的營養，找我準沒錯！

使身體
不易感冒
**維他命 C**
防護能量

強健骨骼
**維他命 K**

保持心臟
正常跳動　**鉀**
恢復能量

促進排便
**膳食纖維**

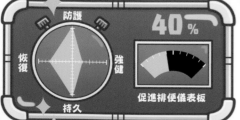

防護
恢復　　強健
持久
40%
促進排便儀表板

12

大家好，我是青花菜委員長！
雖然有點老王賣瓜，但我是真的很聰明呢。

我擁有保護身體不易感冒的防護能量維他命C、
還有恢復身體能量的鉀、
以及維持人體活力的維他命$B_2$及葉酸。

想擁有健康
身體的你，
一定要常常吃
青花菜哦！

**！祕密情報**　　一球一球的部分，
　　　　　　　　　其實是青花菜的花蕾！

青花菜的花蕾就是一球一球的地
方。栽種後一直沒採收的話，最
後會開出黃色的花朵哦。
花椰菜和青花菜雖然長得很像，
但其實是兩種不同的蔬菜喲。

## 提升青花菜委員長的
# 戰鬥能量吧！

### 搭配起司食用，
### 可以使骨骼更強健！

青花菜的維他命K和起司的鈣相結合後，能夠發揮增加骨骼強健的能量。像是製作披薩料理時，鋪上青花菜食材是不錯的選擇。

# 尋找出最強的青花菜委員長！

### 花球表面大而粗壯的青花菜，
### 其營養成分也最高◎

花球表面大而粗壯的青花菜，其顏色呈深綠色、花蕾集中緊密，這樣的青花菜又甜、營養又多。
還有請仔細看莖部的切口處，請不要挑選切口有縫隙、變黑跡象的青菜花。

## 元氣作戰 3

### 與青花菜委員長
## 做好朋友吧！

**乾巴巴的～不好入口**

### 那就換吃看看青花筍吧

有一種枝梗如長長的棒子，
名為青花筍的品種喲。
花蕾與枝梗吃起來都較為細嫩，
很容易入口。

**青花菜莖～好硬！**

### 青花菜莖中，也有細嫩的部分哦！

請媽媽把青花菜莖垂直對半切開，
可以吃吃看內部白色較細嫩的地方，
也許你會為它的清甜而感到驚訝呢，
還可以切成小塊狀，小巧好入口哦。

能量最強的主人翁

# 菠菜

26%

防護　恢復　強健　持久

促進排便儀表板

使肌膚
光滑透亮

維他命
A

防護能量

能量爆發的季節
10～2月

可以
大量造血

葉酸

持久能量

我有帶給身體
強健的力量喲！

保持心臟
正常跳動

鎂

強健能量

走很多路
也不會氣喘吁吁

鐵

持久能量

阻礙人體
吸收營養

草酸

恢復體力

銅

恢復能量

強健
骨骼

鈣

強健能量

強健肌肉

鉀

恢復能量

# 菠菜醫生

齁齁齁，我是菠菜醫生。
在你們沒有活力時，就是該我出場的時候了。

因為我擁有維持活力的葉酸及鐵、
以及使肌膚光滑透亮的維他命A、
還有讓身體強健的大量的鎂。

我擁有的能量是在蔬菜成員當中
最強的喲。
嘿嘿！

## ! 祕密情報

冬天和夏天的菠菜，
無論是營養或外觀都不太一樣！

菠菜是在冬天時特別精神奕奕的蔬菜。氣候一變冷，菠菜就會變甜、營養也會增加哦。還有冬天的菠菜，維他命C也比夏天的菠菜高出三倍之多。夏天的菠菜長得比較瘦小，而冬天的菠菜，葉子較為厚實！有機會的話可以仔細觀察一下哦。

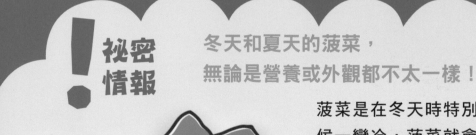

夏天　　　　冬天

## 提升菠菜醫生的
# 戰鬥能量吧！

### 擊退草酸！

菠菜的草酸，會阻礙人體吸收鈣等營養成分，
真是個令人頭痛的傢伙。
可用不加蓋的鍋子
煮沸開水汆燙菠菜，
如此一來，
草酸就會從
熱鍋中
或由空氣排出。

# 尋找出最強的菠菜醫生！

### 尋找出根莖飽滿
### 的菠菜！

葉子摸起來柔軟、根莖飽滿的，就是很新
鮮的菠菜喲。在賣場中有販售一種「大葉
菠菜」，因為生長在寒冷的冬天，所以葉
子呈現皺縮的形狀，吃起來非常清甜，可
以試著去找看看哦。

元氣作戰 **3**

與菠菜醫生
# 做好朋友吧！

 好～苦澀！

## 利用熱開水汆燙去除苦澀味！

阻礙人體吸收營養的草酸，
也是造成討厭的苦澀味的原因。
可以利用熱開水汆燙後，再馬上澆冷開水，
使菠菜緊縮，如此一來可以降低苦澀味，
就比較好入口囉。

 很難～咬斷

## 也可以只吃菜葉的部分哦

根莖部位的口感偏硬，
所以小孩的牙齒不好咬斷。
如果不好咬的話，
只吃菜葉的部分也沒關係哦。
等小孩長大一點、
牙齒的咬合力增強後，
再讓他們吃看看根莖的部分。
媽媽也可以把根莖的部分切短一點哦。

 根莖 菜葉

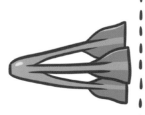 

以各種不同的能量，維持大家的健康！

# 香菇・舞菇
# 金針菇

如果想要規律排便，包在我身上就對了！

促進排便

膳食纖維

富含維他命D，強健你的骨骼！

強健骨骼

維他命 D

強健能量

想要促進身體的血液循環，就請多看我一眼！

促進身體血液循環

菸鹼酸

持久能量

使舌頭與嘴唇水潤光滑

維他命 B2

持久能量

香菇小綠

舞菇小紅

金針菇小黃

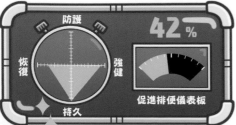

防護
恢復　強健
持久
42%
促進排便儀表板

# 菇菇守衛軍

能量爆發的季節
9～4月

※儀表板是採香菇・舞菇・金針菇的平均數值為基準所製成。

我們是維持健康的戰隊，菇菇守衛軍！

 我是香菇小綠。

一口一口將我吃下的話，就能遵守規律的排便時間哦。

因為富含維他命$B_2$，還可以使嘴唇呈現光滑透亮喲。

 我是舞菇小紅。

擁有可以使骨骼強健、

珍貴的維他命D能量哦。

 我是金針菇小黃。

我雖然長得不起眼，

但我可是擁有超多可以促進

血液循環的能量與菸鹼素喲！

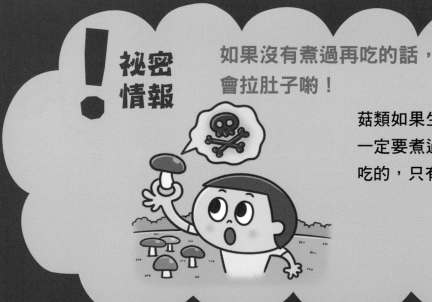

**祕密情報**

**如果沒有煮過再吃的話，會拉肚子喲！**

菇類如果生吃的話，會吃壞肚子，所以一定要煮過後再吃。菇類中能安心地生吃的，只有蘑菇和高級食材松露了。

## 提升菇菇守衛軍的
## 戰鬥能量吧！

### 如果將香菇曬乾的話，可以吃到更大量的香菇！

將香菇排列擺放在竹篩上，讓太陽光照射曬乾看看，香菇會愈縮愈小，變得乾巴巴的喲。這樣一來就能享用更多的香菇！香菇經過曬乾後，香味會不斷地散發出來，變得更加美味。

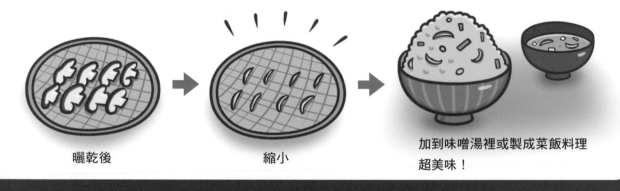

曬乾後　　　　　　　　　縮小　　　　　　　　　加到味噌湯裡或製成菜飯料理
　　　　　　　　　　　　　　　　　　　　　　　超美味！

## 尋找出最強的菇菇守衛軍！

### 最ㄉㄨㄞ ㄉㄨㄞ有彈性的菇菇是哪些？

菇傘

菇柄

如果覃菇摸起來濕濕的，就是放得有點久了，味道也較不好吃哦。請挑選最ㄉㄨㄞ ㄉㄨㄞ有彈性、菇柄與菇傘的內部為白色的菇菇吧。

22

**元氣作戰 3**

與菇菇守衛軍
# 做好朋友吧！

 金針菇，咬不斷！

**將金針菇切成小段與麵一起煮來吃。**

切成小段的話，比較容易入口喲。
加到冬粉或日本素麵等麵食裡，
隨著簌簌的吸麵聲一起下肚，
真快活～！

 金針菇的外表看起來不討喜……

**變身天婦羅！**

「金針菇長得好奇怪哦！摸起來滑溜溜的……」
當你這樣想的時候，
試試將金針菇
包覆上一層天婦羅的麵衣。
炸得鬆鬆脆脆的，
咬上一口滋滋作響，
外表看起來也不奇怪了，
非常好吃又容易入口哦。

變身！

# 讓你擁有一雙閃閃發亮的眼睛
# 胡蘿蔔

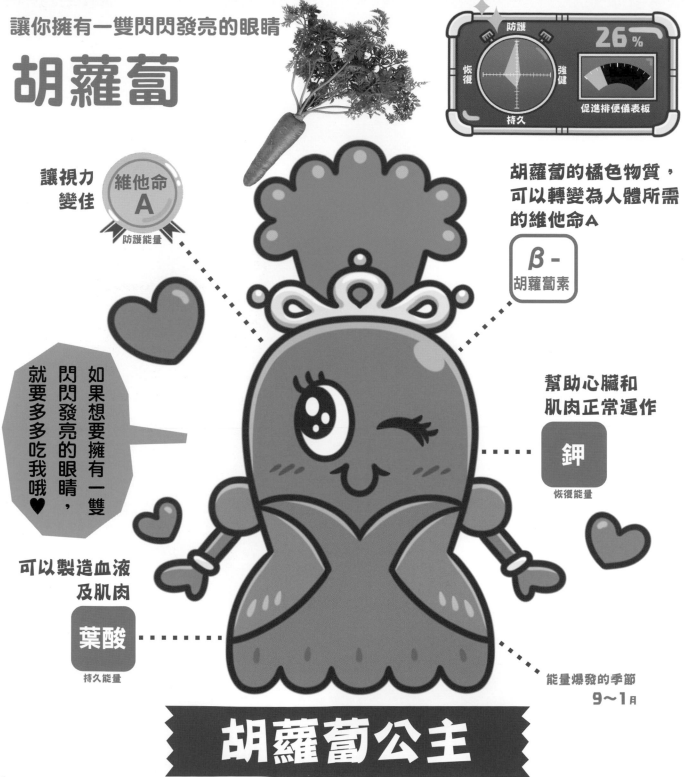

防護
恢復　　強健
持久
26%
促進排便儀表板

讓視力變佳
維他命 A
防護能量

胡蘿蔔的橘色物質，可以轉變為人體所需的維他命A
β-胡蘿蔔素

如果想要擁有一雙閃閃發亮的眼睛，就要多多吃我哦♥

幫助心臟和肌肉正常運作
鉀
恢復能量

可以製造血液及肌肉
葉酸
持久能量

能量爆發的季節
9～1月

## 胡蘿蔔公主

哈囉！我是胡蘿蔔公主。可以保護眼睛的維他命A，
我是本書所有的蔬菜當中含量最高的呢。

我的橘色膚色，
其實就是β-胡蘿蔔素。
可以轉變為人體所需的維他命A喲。

還擁有幫助心臟及肌肉
正常運作的鉀，
以及人體組成來源的葉酸，
含量也不少哦。

## ！祕密情報

### 其實胡蘿蔔的外皮早已剝落

在料理胡蘿蔔時，大家還會削下一層外皮，但實際從店家購買胡蘿蔔時，最外層的皮早已經是剝落的狀態。那是因為胡蘿蔔最外層的皮非常的～薄，所以從田裡採收時，就已經自然剝落了哦。

**元氣作戰 1**

## 提升胡蘿蔔公主的
## 戰鬥能量吧！

### 經熱油炒過後，
### 可以加倍提升能量哦！

胡蘿蔔的橘色外表・β-胡蘿蔔素，和食用油是好朋友。
下油鍋熱炒一番，將兩者相融合在一塊，其營養成分更容易讓人體吸收喲。熱油炒過後的胡蘿蔔口感更加清甜，非常好吃。

**元氣作戰 2**

## 尋找出最強的胡蘿蔔公主！

### 來找出閃閃動人的
### 胡蘿蔔公主吧

飽滿的橘色外表，就像在閃閃發光般，這樣的胡蘿蔔，其營養價值是最高的喲。生長在寒冷的氣候中，埋在雪中經短暫冬眠的「雪胡蘿蔔」，甜度爆表得令人吃驚，絕對不能錯過。

# 與胡蘿蔔公主 做好朋友吧！

 **胡蘿蔔的葉子～不好聞**

## 也有味道較淡的胡蘿蔔哦

為了吸引孩子們吃胡蘿蔔，
最近有在販售味道較淡的
胡蘿蔔。
去到賣場時，
請直接拿起胡蘿蔔聞聞看吧。

 **討厭硬梆梆的感覺！**

## 充分水煮軟化後再吃吧

因為胡蘿蔔很硬，
所以請媽媽將胡蘿蔔以
滾水煮過後，
切成圓片狀，再微波一下，
然後用餅乾壓模壓出造型，
好吃又富趣味性。

# 青豆

防護
恢復 強健
持久
70%
促進排便儀表板

別小看一顆小豆豆，它可是擁有巨大的能量！

能量爆發的季節
3～5月

**強健骨骼**

銅
恢復能量

**可取代肉類營養**

維他命 B1
持久能量

**增強心臟力**

鎂
強健能量

**養成不易感冒體質**

鋅
恢復能量

**促進排便**

膳食纖維

# 豆豆軍團

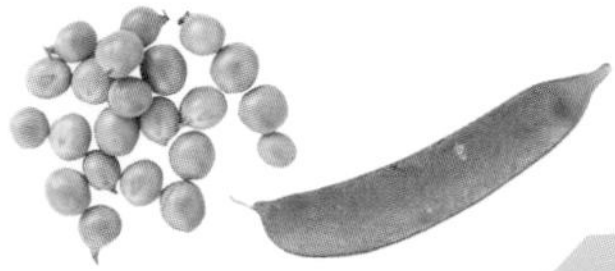

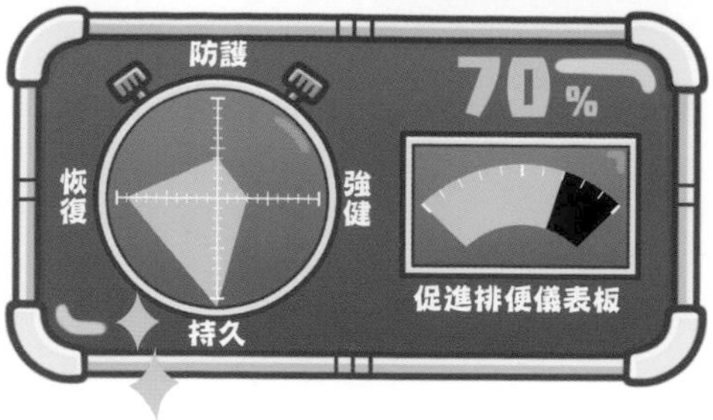

**我們是豆豆軍團！**

 擁有豐富的銅及鎂，
可以強健骨骼及心臟。

 擁有能夠養成不易感冒
體質的鋅。

 擁有與肉類相同營養的維
他命$B_1$。

 **雖然只是顆小豆豆，
卻不失營養及美味，
還擁有滿滿的能量呢！**

## 祕密情報

豌豆的小寶寶，
原來就是青豆啊！

青豆是豌豆
還沒有長大成人的模樣。
甜豆、荷蘭豆都是相似的種類，
但是論營養的話，
最多的還是青豆。青豆聽說是早期法國有
錢人家餐桌上的高級食材喲！

## 元氣作戰 1

### 提升豆豆軍團的
### 戰鬥能量吧！

### 搭配青蔥和大蒜的話，元氣能量迅速提升！

青豆中所含有的維他命B1，若是再搭配青蔥或洋蔥、大蒜的話，立即組成具有一種叫作蒜硫胺素（Allithiamine）能量的團隊！蒜硫胺素能一掃身體的疲累哦。

## 元氣作戰 2

### 尋找出最強的豆豆軍團！

### 冷凍青豆沒有生鮮青豆來得好

市面上有很多冷凍青豆的產品，但是青豆一旦被冷凍後，會消減掉豆豆軍團所擁有的能量。購買在春天生產的生鮮青豆吃吃看，顏色特別的鮮綠、味道清甜，相當好吃喲。

# 與豆豆軍團
# 做好朋友吧！

乾巴巴的……

## 用果菜機打碎，製成湯品吧

包覆著豆子薄薄的一層外皮，
口感乾澀不易入口的話，
就打碎作成湯料理。
將青豆和牛奶一起放入果菜機
打碎，倒入鍋中煮沸，
就變成一道濃稠的美味湯品啦！

## 實驗

## 嘗試自己種豆苗

大家知道豆苗嗎？在青豆的
夥伴當中，與荷蘭豆是同種
類喲。仔細看一下豆苗的根
部，是由和青豆長得很像的
豆子，發芽生長出來的豆苗
喲。剪下豆苗的部分，再繼
續澆水的話，豆苗會不斷的
再生長出來，所以嘗試種種
看吧。

強化骨骼及牙齒

# 白蘿蔔

人體組成
來源

**葉酸**
持久能量

強化骨骼
及牙齒

**鈣**
強健能量

使身體
不易感冒

**鐵**
持久能量

防護 24%

恢復　　　強健

持久

促進排便儀表板

能量爆發的季節
**9～1**月

增強體力

**維他命 E**
防護能量

幫助鐵質
在體內運作

**維他命 C**
防護能量

促進排便

**膳食纖維**

蘿蔔身好吃，但葉子也是有很多營養喲

刺激辛辣

**異硫氰酸酯**
( isothiocyanate )

提升食慾

**澱粉酵素**
( amylase )

## 白蘿蔔大爺

我就是強健能量滿分的白蘿蔔大爺。

粗壯白色的蘿蔔身，含有刺激辛辣的異硫氰酸酯（isothiocyanate），以及可提升食慾效用的澱粉酵素（amylase）。

葉子的部分，含有滿滿的鐵及鈣，
可以強健體魄。

想要變強壯的小孩，
連葉子的部分
都要乖乖吃下去哦。

## ！祕密情報

### 其實葉子的部分，具有更多的營養呢

蘿蔔身白色的部分，其實就是它的根部，埋在土壤中的白蘿蔔會慢慢的長大，是因為葉子在受到陽光照射下，產生了養分提供給白蘿蔔的身體使它長大。所以在葉子的部分，有囤積很多能讓身體強健的維他命E及鈣等的營養喲。

## 元氣作戰 1

### 提升白蘿蔔大爺的
# 戰鬥能量吧！

## 培育長出葉子的白蘿蔔，以獲取能量

白蘿蔔前端的部分雖然有點辣辣的，但愈靠近葉子的
部分，水分會愈多，口感也愈好吃哦。
將長出來的葉子剪下，再澆水一段時間
後，還會再長出新的葉子。種在陽光
照得到的地方，並定時更換水分，試
著自己養植看看。將剪下的葉子切一
切加到沙拉或味噌湯裡，就能
吃到葉子滿滿的能量了！

## 元氣作戰 2

# 尋找出最強的白蘿蔔大爺！

## 請挑選有
## 葉子的白蘿蔔吧

葉子長得健康、茂盛的白蘿蔔就是
最有營養的。
將白蘿蔔放在手上感覺沉甸甸的、
蘿蔔身也沒有裂開就是最好的。

## 元氣作戰 3 與白蘿蔔大爺 做好朋友吧！

 **白蘿蔔泥～辣辣的！**

### 試試放入冰箱冷藏1天

白蘿蔔泥，將白蘿蔔搗成泥後用保鮮膜包起來，
先放入冰箱冷藏。
隔天取出會發現，辛辣味已飛散在空氣中，
變得不那麼辣口了。

## 實 驗

### 試著淋上一些芝麻油，馬上變一個味道！

試試在白蘿蔔泥上淋上一些芝麻油。
油類會將辛辣元素的異硫氰酸酯包覆住，
阻擋辣味侵入舌頭，
因此就不會感到
辣辣的了。

淋上芝麻油

變得不辣了！

紫色的茄子，可是藏有很多祕密喲！

# 茄子

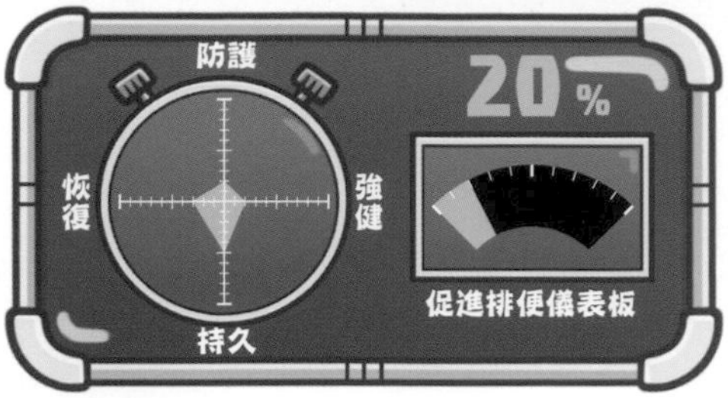

**防護**

**恢復** **強健**

**持久**

**20%**

促進排便儀表板

能量爆發的季節
**5～9**月

就像海綿
一般吸取各
種美味！

幫助肌肉
伸展

**鉀**

恢復能量

促進血液
增生

**葉酸**

持久能量

鮮豔色澤
的來源

花青素

（ Anthocyanin ）

幾乎全部
都是

水分

# 茄子忍者

鄙人乃茄子忍者是也。

時而呈現鮮豔紫色，時而為白色。
在全世界，還有很多各種不同顏色的好夥伴哦。

忍術中的「鉀」招式，
可以讓你的行動更敏捷，
而「葉酸」招式，
可以促進體內
血液循環喲。

番茄口味、醬油口味、
咖哩口味…
就像是海綿一樣的吸收力，無論哪種味道，輕鬆變身！忍者無敵！

## ！祕密情報

### 國外的茄子不是紫色的

說到茄子，就會聯想到閃亮亮的紫色，但是義大利及法國的茄子是白色的，中國及印度的茄子則是淡綠色的喲。比起日本的茄子，國外茄子外層的皮較硬，所以要烹煮久一點再吃哦。

## 提升茄子忍者的
## 戰鬥能量吧！

### 在料理茄子時會出水，
### 所以用油直接炒
### 即可◎

紫色的來源‧茄子忍者，是很會
出水的蔬菜喲。如果用油清炒的
話，紫色的外皮會顯得光滑油
亮，看起來更加美味，營養也更
容易被人體吸收哦。

## 尋找出最強的茄子忍者！

花萼

### 請挑選花萼呈鋸齒狀
### 的茄子哦

蒂頭的切口新鮮、摸花萼的尖
尖處，會扎扎有刺痛感的茄
子，就是最好吃、能量最強
的。還有顏色深又亮的茄子也
是挑選的標準。

# 與茄子忍者
# 做好朋友吧！

**軟綿綿的……**

## 就像海綿一樣將各種美味吸取進來

茄子的內部呈現軟綿綿的狀態，就像是海綿
一樣鬆鬆軟軟的。所以可以添加
一些自己喜歡的咖哩或番茄醬
一起下去煮，這樣一來茄子會
把你喜歡的味道滿滿的吸進來，
立刻變身成你愛吃的口味。

## 實　驗

### 試試調出「忍者變身水」

利用海綿菜瓜布粗的一面在茄子表面上刷磨，破壞茄子表皮留下刷痕，
然後將茄子浸在水中，即完成變色水。再將變色水分出倒入3的透明杯
中，最後把醋、肥皂水、小蘇打粉加到杯裡試試，變色水的顏色會有怎
樣的變化呢？ ※依據茄子的種類以及表皮軟硬度的不同，水變色的程度也會有所差異。

用海綿的菜瓜布面刷磨茄子的表皮　　　浸入水中製成變色水　　　加入一些材料變成……？？

含有豐富的維他命E！

# 南瓜

32%

防護
恢復　強健
持久

促進排便儀表板

如果把我吃下的話，不僅可以讓肚子飽飽，元氣也會滿滿哦！

守護健康

維他命
E

防護能量

能量爆發的季節
7～12月

趕走感冒

維他命
A

防護能量

幫助心臟
正常跳動

鉀

恢復能量

增加飽足感

澱粉

南瓜黃色的
來源

β-
胡蘿蔔素

## 南瓜大叔

我就是美食家南瓜大叔。

我擁有很多可以轉換成能源的澱粉，所以如果肚子很餓時，
來找我就對了。

我具有很強的防護能量，
所以只要發現正在感冒的
小朋友，
就會馬上衝去幫助他。

為什都說冬天時「吃南瓜
可預防感冒」，
正是因為我的能量備受好評呀。

## 祕密情報

萬聖節的南瓜
不適合食用哦！

在店家裡販賣的南瓜，外皮
是深綠色的，但是在萬聖節
裝飾用的南瓜，外表則是橘
色的喲。這種南瓜口感不
好，所以才會被拿來作為裝
飾用呢。

## 元氣作戰 1

### 提升南瓜大叔的 戰鬥能量吧！

### 吃吃看南瓜的種子吧！

在菓子店等商家都有在賣的南瓜子，有機會的話可以吃吃看哦。

吃起來就像是堅果，咬下去卡滋卡滋作響。而南瓜子裡也含有守護健康的維他命E，以及滿滿的恢復能量哦。

## 元氣作戰 2

### 尋找出最強的南瓜大叔！

### 重量較重且種子大顆的南瓜是最好的唷

拿在手上感覺一下重量，請挑選愈重的愈好。如果是切開販售的南瓜，請選擇內部是深橘色、種子飽滿又大顆的南瓜哦。

## 元氣作戰 3

### 與南瓜大叔 做好朋友吧！

 南瓜吃起來沙沙乾乾的……

### 「南瓜甜點」好好吃哦

將南瓜切成約一口的大小，放入微波爐微波一下使南瓜變軟，再用湯匙將南瓜壓碎，並加入砂糖、牛奶和奶油混合攪拌勻均後，放入烤箱烤到恰到好處，立即化身成一道濕潤美味可口的點心。

## 實驗

### 試試種植南瓜子，看著種子發芽別有一番樂趣哦

取出南瓜的種子，埋在土壤裡種植看看，在澆水時觀察何時會發芽，並算算看需要幾天芽才會蹦出來呢？

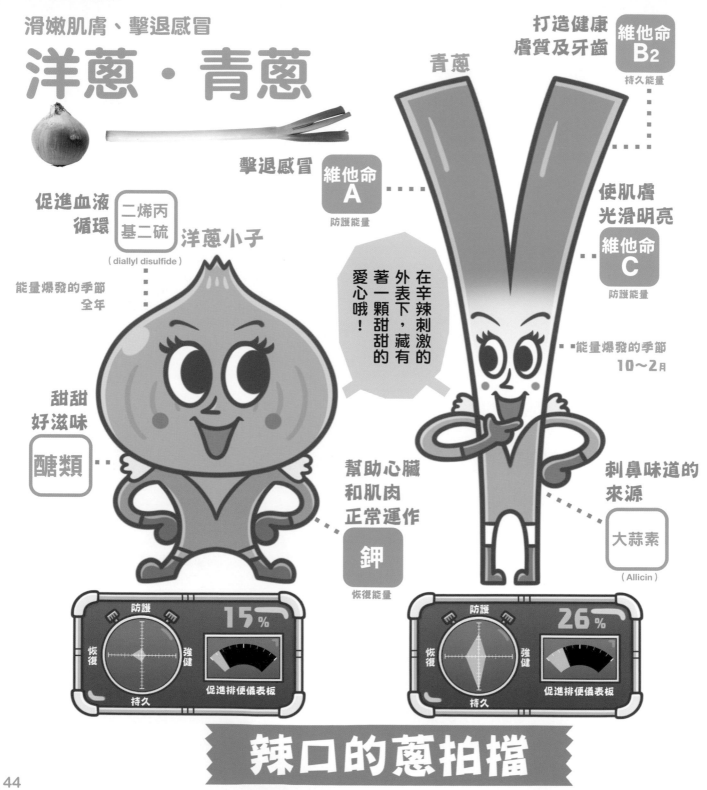

滑嫩肌膚、擊退感冒

# 洋蔥・青蔥

打造健康
膚質及牙齒　維他命 $B_2$
持久能量

青蔥

擊退感冒　維他命 A
防護能量

促進血液循環　二烯丙基二硫（diallyl disulfide）　洋蔥小子

能量爆發的季節
全年

使肌膚光滑明亮
維他命 C
防護能量

在辛辣刺激的外表下，藏有著一顆甜甜的愛心哦！

甜甜好滋味　醣類

能量爆發的季節
10～2月

幫助心臟和肌肉正常運作　鉀
恢復能量

刺鼻味道的來源

大蒜素（Allicin）

防護　15%　恢復　強健　持久　促進排便儀表板

防護　26%　恢復　強健　持久　促進排便儀表板

# 辣口的蔥拍擋

哈囉～，我們是辣口蔥拍擋喲！

 我是蔥小子。
我擁有可以讓你的肌膚
閃閃發亮的維他命C及
辛辣刺激的大蒜素。

 嘿唷，我呢，
說到辛辣我可不會輸喲。
我是洋蔥小子。
生吃的話會較辛辣，但是如果烹煮過後，
就會變身成如水果般的香甜哦。

## ！祕密情報

### 切洋蔥時會流眼淚，是因為二烯丙基二硫引起的作用

刺鼻且會流眼淚是因為切下洋蔥時，一種叫作「二烯丙基二硫」的辛辣來源，會跑到空氣中，並進入到我們的眼睛和鼻子。而為了將這股二烯丙基二硫驅逐出去，就會開始流眼淚。切洋蔥時，可以戴上護目鏡或口罩，就不太會流眼淚了。

## 元氣作戰 1

### 提升辣口蔥拍擋
### 戰鬥能量吧!

## 青蔥的蔥綠部分超多營養!

青蔥的蔥綠部分,富含有很多的
維他命A和維他命C喲。
如果把蔥綠丟掉,超可惜的!將
蔥綠切成細絲,就不會感覺硬硬
的。將切成細絲的蔥綠加到韓式
煎餅或水餃、炒飯料裡吃吃看
吧。

## 元氣作戰 2

### 尋找出最強的 辣口蔥拍擋!

### 來找出清脆的洋蔥和
### 翠綠的青蔥吧

洋蔥請挑選具有乾燥酥脆、滑順有光澤的
茶色外皮,以及帶有點重量的最好喲。而
青蔥的蔥白和蔥綠分界的地方,愈分明愈
好,並注意外皮不要呈現皺皺的。

**元氣作戰 3**

與辣口蔥拍擋
# 做好朋友吧！

 **洋蔥～辣辣的！**

## 洋蔥只要經過加熱，就會變甜像水果一樣！

洋蔥下鍋熱炒後，會從白色變成透明色，
再慢慢的變成茶色（麥芽糖色）。
這就表示洋蔥已經變甜了喲。
可以加入到湯品或咖哩裡吃吃看。
或是再拿去油炸，炸得酥酥脆脆的，甜味還會再提升哦。

**實 驗**

**如果將洋蔥橫向切開的話，可以降低辛辣度哦！**

將對切一半的洋蔥，再橫向切片集中，這樣從切口處跑出的辛辣物質，會比起縱向切片時來得較少，味道也會較溫和喲。

**青蔥～也好辣！**

## 挑選蔥綠較多的青蔥吧

青蔥的辣味・大蒜素，大多都聚集在蔥白的部分。因此，可以選擇比青蔥還細、綠色部分居多的「萬能蔥」或「九條蔥」，它們比較沒那麼辛辣，吃起來感覺甜甜的喲。

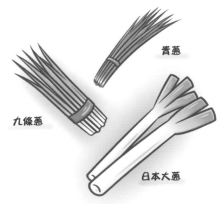

青蔥

九條蔥

日本大蔥

# 強健體魄的養成！
# 青椒・彩椒

防護
恢復　　強健
持久
16%
促進排便儀表板

養成不易感冒的體質　維他命 **A** 防護能量

打造健康膚質及肌肉　維他命 **B6**

肌膚變光滑　維他命 **C** 防護能量

維護身體健康　維他命 **E** 防護能量

我們是含有使肌膚及筋肉緊緻能量來源的強壯三兄弟！

使肌膚變光滑　維他命 **C** 防護能量

維護身體健康　維他命 **E** 防護能量

1

3

2

紅椒大哥　　　青椒小弟　　　黃椒二哥

# 青椒三兄弟

能量爆發的季節
**5～9月**

48

我們是色彩鮮豔的青椒三兄弟！

驕傲的是，我們擁有其它蔬菜所沒有的、可以強化肌膚及肌肉來源的維他命$B_6$。

我擁有最多的維他命C和E。

接著第二多的就是
我了喲～！

我雖然是排行老么的，
但大家最常吃的是我哦！

## 祕密情報

青椒可以從綠色到紅色、黃色，
變換成各種顏色喲

彩椒不只有紅色或黃色，還有黑色或紫色
等各種顏色呢。綠色的青椒也是，其實等
它成熟一點，就會再變成紅色或黃色喲。
在市場上販售時，將它們取名為「紅椒」和
「黃椒」，可以試著找找看哦。青椒變成紅色
或黃色時，含有的營養會更多哦。

## 提升青椒三兄弟的
# 戰鬥能量吧！

### 在青椒內部鑲肉進去，不僅可以提升營養、美味更是加倍

青椒三兄弟，含有豐富的維他命B6，這也是肉類具有的營養，此營養可以轉換成能量供給身體，保持身體健康。將青椒或彩椒對半切開，將肉類鑲在內部，營養滿分。且肉類的油脂可以掩蓋掉青椒的苦味，美味也跟著升級。

# 尋找出最強的青椒三兄弟！

## 挑選顏色鮮豔明亮的青椒，比較不會苦澀哦

蒂頭顏色鮮豔、外表閃亮光滑的青椒，就是剛採收的新鮮青椒。青椒如果放置過久，就會產生苦味，所以最好購買後馬上食用完畢。

元氣作戰 **3**

與青椒三兄弟
# 做好朋友吧！

 好苦～！

## 紅、黃椒不會苦哦，請吃看看

綠色的青椒如果不是新鮮剛採收的話，容易有苦味，但是紅椒和黃椒的話，是甜的不會苦哦。其它彩椒也是甜的。但是不論是哪種椒，只要烤過就會變甜，所以請在店家找找看吧。

 好像草的味道……

## 可以加點鰹魚乾或小魚乾下去炒一炒

加入可以增加鮮味、香氣濃烈的鰹魚乾或小魚乾一起炒的話，聞起來就不會有像草的味道了喲。原理就是油會附著在舌頭上，擋住苦味。

**小朋友的最愛、大家的偶像**

# 馬鈴薯・玉米

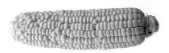

生病時
保護身體
**鋅**
恢復能量

維持心臟
正常跳動
**鎂**
強健能量

光滑肌膚
**維他命 C**
防護能量

強化心臟與肌肉
**鉀**
恢復能量

活力的來源
**能源**

除了肌膚變光滑外，意外的身體也變得愈來愈強壯了喲！

能量爆發的季節
**8～10月**

製造能源
**維他命 B₁**
持久能量

能量爆發的季節
**6～9月**

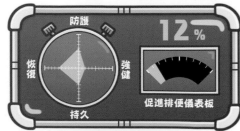
馬鈴薯豐美子

玉米香甜子

## 蔬菜偶像　馬鈴薯與玉米

**我們是大家的偶像、馬鈴薯與玉米**

 吃我們的話，精力會愈來愈充沛，
因為我們可以鎖住能源，
注入滿滿元氣給大家。

我們擁有～保護身體的鎂和鋅！

 我們擁有～超多的維他命C，
可以使肌膚光滑明亮，
因此之後也請多多支持哦！

**元氣作戰 1**
提升馬鈴薯與玉米的
## 戰鬥能量吧！

### 玉米片有很多玉米的營養成分

酥酥脆脆好吃的玉
米片，是將玉米碾
碎後經烘烤而製成
的。擁有的維他命
$B_1$等營養，一樣也
沒有少哦。

### 連皮煮留住維他命C

馬鈴薯煮湯的話，維他命C會從馬鈴薯
的切口處流失。連皮一起煮至變軟後再
將皮剝掉，如此一來，更能完整地留住
維他命C的營養。

**元氣作戰 2**
尋找出最強的
## 馬鈴薯與玉米吧！

### 請確認馬鈴薯表皮是否光滑、玉米顆粒是否飽滿

表皮光滑、鼓鼓的馬鈴薯才會好吃。
玉米的話，
請挑選擁有
茂密的鬚鬚、
顏色呈深茶色、
以及顆粒
緊密飽滿的玉米喲。

# 吃過的就塗上顏色

吃了什麼蔬菜，就在那個蔬菜人物上塗色。全部蔬菜圖的顏色都塗滿的話，你就是蔬菜之王了哦！

番茄美眉　　　小番茄君　　　青花菜委員長

胡蘿蔔公主　　　　豆豆軍團　　　　白蘿蔔大爺

紅椒大哥　　　　黃椒二哥　　　　青椒小弟

菠菜醫生　　香菇小綠　　舞菇小紅　　金針菇小黃

茄子忍者　　南瓜大叔　　洋蔥小子　　青蔥

多吃點不同的蔬菜，才能在許多的蔬菜圖上塗滿顏色喲！

能不能全部都塗滿呢～？

馬鈴薯豐美子　　玉米香甜子

# 讓孩子與蔬菜做好朋友的方法

為了讓孩子們喜歡各種蔬菜、不害怕吃蔬菜,大人們要做些什麼改變呢,
在此,針對這個主題一起討論吧。

我們做
好朋友吧!

## 孩子討厭吃蔬菜是理所當然的!
## 是出自於本能的行為

蔬菜本身就含有很多「苦味」及「澀味」等味道,這會讓孩子感到害怕。有苦味的蔬菜,像馬鈴薯發出來的芽,芽裡頭含有的茄鹼(Solanine)等,就有一種叫作「生物鹼」的成分,這個成分在人體內會形成一種毒素,如果攝取過多的話,可是會吃壞肚子的。同樣的,蔬菜的澀味也是,它的成分會讓吃進肚裡的東西變得很難消化。另外,酸味也是,有酸味表示東西可能已經腐壞。就像這樣,孩子們一嚐到這些苦味及澀味、酸味時,就會感到排斥,這就像是生存在自然界中的生物,本能被激發的概念一樣,說是身體健全的證明也不為過。面對孩子不吃蔬菜時,暫時把「絕對不可以挑食!」的想法擺一邊,放輕鬆一點吧。

## 孩子們有攝取到必要的營養嗎?
## 只要有吃到就好

因為孩子討厭吃蔬菜,父母會擔心孩子在「成長階段沒有攝取到該有的營養」。其實,在孩子的成長期,最應該優先注意到的是,米飯或麵包裡含有的「碳水化合物」、魚肉、乳製品含有的「蛋白質」、油脂裡含有的「脂質」,這三種基本的營養素。蔬菜主要是擔任讓這些營養素能確實地在體內運作的後援角色。不必存有「總之,全部的蔬菜都必須吃完」的想法。在本書裡有介紹,關於各種蔬菜各自所擁有的能量及營養成分。例如,「不敢吃番茄沒關係,維他命C也可以從馬鈴薯攝取得到」,就像這樣,請臨機應變地和蔬菜打好關係吧。

# 該給孩子什麼樣的蔬菜營養呢

蔬菜裡含有的各種營養素，其中哪些是對孩子特別重要的營養成分，在本書中都有詳盡介紹。如P3所示，將蔬菜的各種能量以大人的角度詳細的說明。

## 防護能量=維他命類

所謂的防護能量是指，守護肌膚及黏膜的能力。維他命A能預防肌膚乾燥、守護肌膚的健康，同時提升喉嚨及鼻子黏膜的防護力，打造不易感冒的體質。另一方面，維他命C是美肌成分，也是食物中的鐵，在人體內吸收時，不可缺少的物質。這些維他命，都是蔬菜裡大量含有的代表性成分。

 維他命 A　維他命 C　維他命 E

## 強健能量=維他命・礦物質類

所謂的強健能量是指，打造強健骨骼及身體的力量。維他命D可以提高鈣質的吸收、打造強健骨骼。雖然曬太陽也有同樣的效果，但是在日照較弱的冬天裡，就必須從食物中充分攝取。還有鈣可以與維他命D共同協力增強骨骼、鎂也可以結合鈣，達到強化骨骼及鞏固牙齒的效用。

 維他命 D　 鈣　鎂

## 恢復能量=礦物質類

所謂的恢復能量是指，帶動全身細胞的運作、支援壞死細胞的新陳代謝、產生修復的能力。鋅可以幫助新陳代謝，銅可以幫助紅血球的製造。硒可以抑制細胞氧化、鉀則可以將攝取過多的鹽分排出體外，並幫助心臟及肌肉正常的跳動。正因為細胞的新陳代謝處於特別活躍的成長期，所以才更希望能均衡攝取到這些營養物質。

 鋅　銅　硒　鉀

## 持久能量=維他命B群、鐵

所謂的持久能量是指，體能運作的持久力。維他命B₁是將米飯或麵包裡所含有的碳水化合物轉化成能源所不可缺少的營養素。而將碳水化合物或蛋白質、脂質轉換成能源，也是得倚靠維他命B₂或菸鹼素。葉酸可以造血，鐵可以在血液中將氧氣輸送到全身細胞，並維持體能。

 維他命 B₁　維他命 B₂　菸鹼素　葉酸　鐵

## 排便順暢能量 =膳食纖維

擁有排便順暢能量的膳食纖維，能將從食物中攝取到的營養，其中所不需要的廢棄物排出體外。膳食纖維可以將在人體的消化酵素中，無法被消化的物質轉化成糞便、並供給糞便水分、軟化糞便，並促進腸子蠕動進而幫助排便。蔬菜及菇類、豆類及其它穀物類都含有膳食纖維。

膳食纖維

# 挑食跟你想的不一樣

孩子的挑食是有理由的。在未了解理由之下，就一昧地對孩子說「請吃下去！」、「你可以做到的」是不行的。在此，就一起來學習正確的「挑食」知識吧。

**Q 會挑食是因為遺傳嗎？**

**A 比起遺傳，飲食經驗的影響比較大。**

的確，也有些人天生就很難感受到蔬菜的美味及香氣。但是這是非常少有的例子，一般影響挑食很大的原因，就是飲食經驗。孩子對於沒吃過的東西、吃不習慣的東西，容易抱持警戒心、變得小心翼翼。就像是日本代表性的發酵食物納豆，外國人也無法吃一樣，如果吃習慣的話就會感覺「好吃」，也可能進而變成「喜歡吃」。

**Q 為什麼長大後，討厭的食物就變得敢吃了呢？**

**A 那是因為感知苦味及澀味的感應器鈍化了。**

年幼的小孩子，感知「苦味」及「澀味」的舌頭感應器，為了保護自己的身體，會變得特別敏感。但是，隨著慢慢長大，這個感應器也會慢慢鈍化。這也是因為在成長期間，一直聽到「吃下去沒關係」的教導，所以愈來愈難感知到苦味及澀味的「危險」訊息。因此小時候，對於「絕對討厭！」的青椒苦味、以及內臟的味道，長大後卻變得喜歡吃，也是這個原因。「什麼時候開始變得敢吃了」，請耐心地繼續關注下去。

**Q 聽說男孩子比較會偏食，是真的嗎？**

**A 是有女孩子比較會「看大人眼色」的說法。**

男孩子雖然被認為比較容易偏食、只吃單一的食物，但像這樣兩性差異的說法，是完全沒有根據的。只是在小時候，女孩子通常會比男孩子來得沉穩，這是因為女孩子都會看場合及大人眼色後才行動的緣故。既使是不愛吃的東西，為了讓媽媽高興，也就會努力吃下去。

**Q 聽說幼兒期的飲食習慣，會決定往後的飲食喜好，是真的嗎？**

**A 某些程度上來說，的確是。**

幼兒期吃了什麼東西，某種程度會影響這個孩子將來愛吃什麼。如果都是固定吃單一的食物，就很難累積品嚐各種食物的經驗，也會因此減少很多訓練味覺感應器的機會。但是，不要因為「○歲前決定飲食喜好」等一句話就倍感壓力。在可接受的情況下，慢慢地增加，多選擇一些不同種類的蔬菜吧。

**Q 懷孕期吃的東西，會影響將來孩子的飲食喜好嗎？**

**A 完全沒關係。**

如果孩子常常挑食，有的媽媽會有罪惡感，覺得「一定是在懷孕時只吃某樣東西」的緣故。但是，這些都是完全沒有根據的謠言，所以請放寬心。話說如此，有種情況，如果媽媽也是偏食者的話，那麼餐桌上的蔬菜種類肯定豐富不到哪裡，如此一來，孩子們也就容易有偏食的情況，所以請多多端出各式各樣不同的、美味豐富的蔬菜吧。

**Q 在離乳吃副食品時期會吃的東西，為什麼之後變得討厭吃了呢？**

**A 也許是因為感覺到「討厭」的機制開始啟動了。**

在離乳吃副食品時期，所有的蔬菜都是打成糊狀、做成口感好的料理，但隨著慢慢成長以後，就變成一般的食物吃法，這時就會立即感受到口感上的變化，像是和大人吃一樣大小的食物，不好咀嚼與吞嚥、咬得糊糊爛爛的好噁心……。像這樣不好的經驗就是一個起因，也許結果就會變成「我討厭這個蔬菜」。如果突然討厭某樣蔬菜時，請先問問「討厭這個蔬菜的什麼地方呢？」，然後想想有沒有可以改善的方式吧。

**Q 挑食的小孩和什麼都吃的小孩差在哪裡？**

**A 這是與生俱來的個性。**

既使是同一個父母生出來、養育出來的兄弟姊妹，對於食物的喜好也有可能完全不同。也就是挑食是孩子出生就帶來的個性。雖說如此，如果孩子「只要有一點點的苦味，絕對不吃」，像是這樣具有強烈的「厭惡」傾向，也有可能是因為孩子的體質，碰到某些食物會特別敏感。這時，如果孩子有討厭的反應時，請不要強迫他吃，試著找出具有同樣營養成分的其它食物補足即可。

**Q 小孩吃很少，令人擔心。**

**A 小孩子無法一次吃很多。**

小孩的身體大小，大概是大人的1/5，想當然爾，胃的容量也會比較小，一次無法吃很多東西是正常的。本來在幼兒期時，就不是只有正餐而己，也需要有點心的營養補充。如果是食量小的孩子，就多準備乳製品類的點心，或是將蔬菜鋪在吐司披薩上等，來補足營養就可以囉。

## 正解就是每人情況都不同！ 克服討厭蔬菜的訣竅

每個小孩討厭蔬菜的原因，都不盡相同。
請從各個角度下去探尋吧。

**料理篇**

### 改變**口感**

孩子對於食物在口中的咀嚼、集中、吞嚥等動作還不是很熟練，因此，像是在口中不好集中的青花菜或菠菜、茄子、和沙沙乾乾的南瓜等，會令孩子感到很難駕馭。這時，像菠菜可以先只給吃葉子的部分，南瓜則用濾網過篩，製成滑順好入口的甜點，像這樣改變一下蔬菜的口感吧。

### 改變**外觀**

例如，進行蔬菜雕花，像是將胡蘿蔔用壓模做出星星或動物等形狀，也許會因為生動的外觀而激發出孩子「想吃！」的欲望。另外，如果是對茄子或香菇等的外觀，有「討厭」的感覺，建議可以炸成天婦羅的方式。其它，還可以將這些蔬菜切小塊或細絲加入一起炒飯等，雖然不是克服討厭蔬菜的根本解決方法，但至少在均衡攝取營養這個點上是有幫助的。

### 改變**味道**

可以搭配孩子們喜愛的咖哩、燒肉醬、番茄醬、沙拉醬等製成蔬菜料理，並告訴小孩，「你看，是你喜歡的番茄醬口味」等方式，讓小孩知道「這個味道是可以放心的」，就可以成功地讓他們將蔬菜吃下。另外，小孩也很喜歡的、和蔬菜百搭的芝麻風味，像芝麻醬、芝麻沙拉醬汁等，含奶油風味的醬料也很美味，這些都是有助於遮蓋掉蔬菜的苦味及澀味。但是，如果為了想消除菜味而過度使用調味料的話，蔬菜本身的風味會不見、鹽分也會變得過多，最後還有可能會變成重口味的愛好者，所以請斟量使用。

### 加到**喜愛的料理**中

其實，小孩喜歡吃的東西，不外乎就是像牛丼或拉麵、披薩、水餃等，這些都是在＜以單品取勝的連鎖小吃店＞中常見的食物。像這些連鎖小吃店，為了搶下全家大小用餐的客人，都會將小朋友喜歡吃的食物製成看板菜單。像是可以跟小孩這樣說「那個，很好吃吧。我們回家也做做看」等，所以要不要也試著作出有加入大量蔬菜的水餃或牛丼呢。

當蔬菜料理端上桌時，如果小孩說「我討厭這個」，可以試著問問為什麼討厭呢，吃起來有什麼味道嗎，並觀察小孩在食用時的表情。看是不是因為小孩咬不動，或是太大塊不好入口？如果是一直含在口中很久的話，也可能是嘴巴裡的食物很難集中吞不下去。仔細觀察小孩吃東西的表情，就能找到合適的有效對策。

### 跟小孩一起做料理

如果喜歡做料理的話，自然也會對蔬菜和食物的所有相關事務產生興趣。 例如，可以讓他們參加像＜小朋友料理教室＞的活動，然後跟他們說「今天學到的料理，回家後也可以試著做做看！」，試試能否激起小孩的自發性？

小孩子通常，不是你讓他做的事，而是自己想要做的事的話，都會很拚命地想要去完成。另外，可以請小孩「嚐一下這道菜的味道」，或是讓他們看一下剝下冷凍小番茄光滑表皮的模樣（P11）等，讓小孩多累積一些有趣的作菜經驗，自然而然地就會喜歡上蔬菜。

### 跟小孩一起挑選蔬菜

例如，從本書中的內容，「聽說比起綠色的青椒，紅色的紅椒比較甜」、「青花菜的根莖是一根根分開的」等，以小孩有興趣的主題為開端，一起去市場探險看看吧。在採購時，如果只是讓小孩「選擇看起來好吃的」，實際上很難令小孩產生「想要吃吃看」的感覺。但是如果能讓小孩感覺「這本書裡頭寫的是真的嗎。想要嘗試看看！」的話，就能帶動他們想要實際吃吃看，進而就能讓他們發現「比以往的好吃！」

### 利用蔬菜作實驗

孩子們都很喜歡「實驗」，有時將蔬菜看作是一種「生物」，或是採用「化學」的處理方式，突然就變得有興趣了。例如，再生栽培白蘿蔔的葉子，跟小孩說「白蘿蔔大爺從太陽公公獲得營養，葉子才會長得又高又壯喲」，或是讓小孩看看，用茄子的皮可以調出漂亮的紫色水，再加入醋及小蘇打粉後，紫色水又變成其它顏色了（P39）……。在小孩有了這些令人興奮的體驗後，應該也會讓他們對於蔬菜有種特別親切的感覺。

### 請注意第一次讓小孩接觸的料理

對於小孩來說，與食材及料理的「初次見面」是很重要的經驗。例如、第一次吃到的茄子，如果是吃到「燒烤大茄子鬆軟的白色部分」的話，雖然長大後會了解這是一道相當美味的料理，但當時害怕的意識還是會浮現上來吧。另外，第一次吃到的洋蔥，如果是會辣口的生洋蔥片的話，就會對洋蔥產生「好辣！」的既定印象，認為是不好吃的東西。所以一樣是洋蔥，如果是咕嘟咕嘟燉煮過後的甜甜的洋蔥，初次見面後就會是截然不同的好感印象吧。要讓小孩與蔬菜第一次相遇時，盡可能製造出很好吃、吃得很快樂的情境吧。

### 首先，要吃得**開心**

像每次用餐時，總是嚴格要求孩子碗裡飯菜不能掉出來、拿碗筷的姿勢要正確，像這樣在用餐當中一直針對認為要學習的事對孩子說教，那麼孩子本來「想吃」的心情，一下子就會消失得無影無蹤。相反的，如果大人們用餐時總是表現出很開心愉快的話，孩子自然而然的也就會跟著伸長筷子夾食物吃。一邊開心用餐，一邊告訴孩子今天的料理是如何煮出來的吧。

「這是大人的」告訴孩子

### 「**這是特別的食物喲**」等

小孩子很喜歡模仿大人。只要告訴孩子「這是大人的」，並吃得津津有味的話，就能勾起孩子覺得「真好，我也好想吃」的想法。另外，像是大人喜歡的芥茉口味的零食，給小孩子嘗試一小口，如果喜歡上那樣帶點刺激性的辣味，芥茉都能接受了，那麼和芥茉同樣有辛辣感的「白蘿蔔泥」也就不害怕了。將孩子不擅長吃的食物，稍微誇張賣弄一下，讓人看起來有很好吃的感覺，這也是作戰方式的一種。

### 用餐時間**不開電視**

有時在用餐的當中，小孩一邊看電視的話，就會不專心吃飯。這時，不妨訂出「用餐中不開電視」的規定。只是要注意，如果像是「不吃飯的話就把電視關掉哦」這樣一時性的懲罰規定，或是先用餐完畢的父母親自己打開電視沉迷其中，像這樣不恰當的規定，孩子不會信服，也就沒有效果。重點應該是要訂立「吃飯的時候家裡不開電視」像這樣＜沒有例外的規定＞才正確。

### 打造能讓孩子**舒適用餐**的環境

請確認一下餐桌和餐椅的高度。餐桌高度要差不多在孩子的手肘處，餐椅則是孩子坐著時，膝蓋可以呈90度彎曲、腳底可以穩穩地踩在地面的高度。如果有個可以讓小孩坐得安穩的用餐環境，小孩吃起飯來也會更加穩定、順手。接著要注意湯匙及叉子的大小是否適合孩子的嘴巴大小，還有湯匙及叉子弧度不要過於彎曲、較平直的會比較好使用。筷子也請準備適合孩子的尺寸大小。

## 跟小孩一起培育蔬菜

以自己種植蔬菜的經驗為契機，原本不敢吃的蔬菜，也可能會變成喜歡吃的蔬菜。不是種在田裡的蔬菜，而是例如將豆苗的根部剪下，浸在水中培育。或是播種南瓜的種子，觀察發芽的樣子，光只是讓孩子在旁邊看，孩子就興奮不已了，如果孩子對於植物的生長，進一步感到興趣的話，接著也可以試著讓孩子在陽台自己種蔬菜、或是動手體驗採收等的事務。

## 讓小孩閱讀與有關蔬菜的書籍

動物們吃蔬菜的故事、以蔬菜為主角的故事、或是像本書以插畫的方式介紹蔬菜含有什麼營養、在人體中產生什麼影響，建議選擇可以增進親子間互動的書籍。「蔬菜是農夫揮汗如雨辛苦種植出來的」等，像這樣子的學習方式，會帶給小孩子壓力，無法快樂學習。請選擇可以引起小孩共鳴、又富趣味性，能對蔬菜產生親切感的讀本吧。

## 小孩願意吃時請給予讚美

如果全部都有吃，請給予讚美貼紙喔，或是跟小孩說可以出去玩了等的鼓勵方式，這對學齡前的小孩子特別有效。但是如果是說「吃下這個蔬菜之後就可以吃零食」，像這樣以交換條件的方式，在營養學上是不建議的。推薦本書P54～55的「吃過的蔬菜就塗上顏色」、收集蔬菜人物的遊戲內容，小孩會感到很有樂趣。還有可以多說「你已經敢吃了耶」、「好厲害喔！」等，用這樣的語言及態度鼓勵小孩的成長改變。

## 讓孩子認識季節性蔬菜

每個蔬菜都有最美味的季節，當季的蔬菜其營養價值是最高的。例如冬天產的菠菜，比起夏天產的，維他命C就多了3倍之多。可以觀察一下菠菜的葉子，是不是「在夏天比較瘦弱的菠菜，是不是在冬天就會變得比較健壯」，或是告訴小孩「果然還是夏天的玉米水分飽滿又好吃！」等，圍繞著季節性蔬菜的話題，跟孩子聊聊天，孩子也會覺得很有趣。在本書中，以「能量爆發的季節」來表示各個當季蔬菜的所屬月份。

# 嚴格禁止！
## 反效果的討厭蔬菜克服法

父母期望太高的話，反而會造成反效果，還有可能會加速小孩更討厭蔬菜！在此列出不可採用的克服方法。

## 「不吃的話就不能離開座位」等懲罰

一直在旁邊監視，並對孩子說直到吃完為止，不然就不准離開座位。覺得這樣才是有教養的父母親，對孩子太過嚴格，孩子也會因為這樣將蔬菜跟懲罰連結在一塊，認為是「都是蔬菜害我被罵的」，也會累積「看到蔬菜就討厭」像這樣的負面情緒。請注意不要在餐桌上製造痛苦的環境。

## 張貼「要吃青椒！」等目標宣言

如果將討厭蔬菜的事情，寫在紙上並貼在牆壁，每次看到那張紙時，反而會強化討厭蔬菜的意識，而造成反效果。縱使有討厭的蔬菜，也不需要拚命的條列出來。對於挑食這件事別太過於神經質，可以用一種大而化之的心態，像是「總有一天就會自己開始吃了」、「也許長大後就會覺得很好吃了」來面對這件事情。

## 請勿說出「不吃就會生病」的威脅性言語

過分強調蔬菜的營養價值，反爾會說出「不吃就會生病」，或是在孩子生病時，對孩子說「看吧，就是因為不吃青椒，所以才會生病」等，像這樣責備的言語絕對是不行的。像這樣威脅性的語言，很快地就會被孩子看穿，認為「父母親都騙人」，要注意反而會造成孩子更反抗、更不願意吃。

## 依賴蔬果汁

對於討厭吃蔬菜的孩子來說，蔬果汁或許是一個不錯的選擇。但是要注意不能因為喝了蔬果汁就覺得有攝取到蔬菜的營養而放心。蔬果汁中大多也都有加入水果，糖分有過多的問題。而且隨之而來的飽足感會削減了在正餐飯菜中獲取營養的機會。所以請將它當成小點心飲用吧。

## 拚命過頭

為了克服孩子的挑食，會用盡所有的方法「絕對要讓小孩喜歡上蔬菜！」，如果是像這樣拚命過頭的父母親的話，小孩子會過得很辛苦。比起花很多時間精雕細琢地研發出克服蔬菜的料理，還不如多多和小孩一起遊戲、輕鬆應對。偶爾放手喘息一下，或直接買現成的配菜，並跟孩子說，媽媽偶爾也會挑食哦，依自己的步調來面對用餐這檔事吧。

大人小孩都開心，
一起努力打造
擺滿美味蔬菜的餐桌！